U0106186

我問你答

幼兒十萬個為什麼

自然常識篇

新雅文化事業有限公司
www.sunya.com.hk

使用說明

《我問你答幼兒十萬個為什麼》系列

分為**人體健康篇**、**自然常識篇**、**生活科學篇**及**衣食住行篇**四冊，讓爸媽帶領孩子走進各種知識的領域。爸媽在跟孩子一起閱讀這套書時，可以一問一答的形式，啟發孩子思考，提升他們的智慧！

新雅・點讀樂園 升級功能

本系列屬「新雅點讀樂園」產品之一，備有點讀功能，孩子如使用新雅點讀筆，也可以自己隨時隨地邊聽、邊玩、邊吸收知識！

「新雅點讀樂園」產品包括語文學習類、親子故事和知識類等圖書，種類豐富，旨在透過聲音和互動功能帶動孩子學習，提升他們的學習動機與趣味！

家長如欲另購新雅點讀筆，或想了解更多新雅的點讀產品，請瀏覽新雅網頁 (www.sunya.com.hk) 或掃描右邊的QR code進入 新雅・點讀樂園 。

使用新雅點讀筆，有聲問答更有趣！

啟動點讀筆後，請點選封面 新雅・點讀樂園，然後點選書本上的問題、答案、解說等文字，點讀筆便會播放相應的內容。如想切換播放的語言，請點選各問題首頁右上角的 粵 普 圖示。當再次點選內頁時，點讀筆便會使用所選的語言播放點選的內容。

如何下載本系列的點讀筆檔案

1. 瀏覽新雅網頁(www.sunya.com.hk) 或掃描右邊的QR code 進入 新雅・點讀樂園。

2. 點選  。

3. 依照下載區的步驟說明，點選及下載《我問你答幼兒十萬個為什麼》的點讀筆檔案至電腦，並複製至新雅點讀筆裏的「BOOKS」資料夾內。

小朋友，準備好**接受挑戰**了嗎？快來回答這些問題吧！

挑戰一：動物篇

挑戰二：植物篇

挑戰三：常識篇

動物篇

粵語

普通話

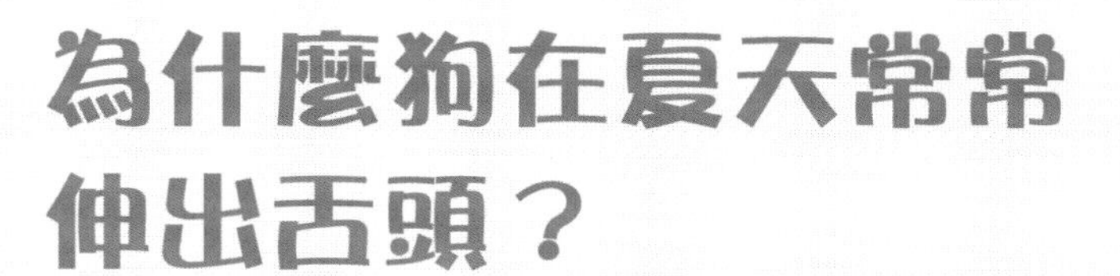

為什麼狗在夏天常常伸出舌頭？

牠們在裝鬼臉。

牠們身上沒有汗腺，需伸出舌頭排汗。

牠們想喝果汁。

選一選，哪個小朋友答得對？

答案B

狗的身體沒有發達的汗腺，不能通過身體排泄汗水來降低體溫。在夏天，牠們為了維持正常的體溫，就只好常常伸出舌頭，從而散發身體內的熱量。

你知道嗎？

狗是人類最忠實的朋友，牠們善於奔跑，也會游泳，還能擔當不同的工作，包括導盲犬、狗醫生等。

粵語　普通話

為什麼白兔的眼睛是紅色的？

A

牠們得了紅眼症。

B

這是白兔眼球內血液的顏色。

C

胡蘿蔔吃多了，眼睛就變成紅色了。

選一選，哪個小朋友答得對？

白兔的身體裏沒有色素，牠們的眼睛本來應該是無色透明的。我們看到白兔眼睛紅紅的，其實是白兔眼球內血液的顏色，而不是長着紅色的眼睛。

你知道嗎？

野兔多在黃昏或夜間覓食，牠們主要吃青草和其他植物。

粵語

普通話

為什麼猴子吃東西吃得那麼快？

A 猴子有很多牙齒，方便咀嚼。

B 趕快吃完了就能去玩。

C 猴子會先把食物儲存在嘴的頰囊裏，所以感覺牠們吃得很快。

選一選，哪個小朋友答得對？

猴子嘴巴的兩邊各長着一個口袋般的頰囊，主要用來儲藏食物。牠們總是先把搶到的食物放在頰囊裏儲存起來，然後再躲到一個安全的地方慢慢地細細咀嚼這些食物。這就是猴子吃東西特別快的原因。

你知道嗎？

猴子生性聰明，行動敏捷。牠們生活在樹林或石山裏，喜歡吃蔬果。通常牠們會推舉一隻健壯的雄猴擔任「猴王」，「猴王」負責指揮和保護猴羣。

粵語　普通話

為什麼樹熊愛坐在樹杈中間？

A

坐在樹杈中間能吃到更多樹葉。

B

能幫助牠減少活動，降低消耗能量。

C

坐在樹杈中間能看到更漂亮的風景。

選一選，哪個小朋友答得對？

樹熊大部分時間都在睡覺和休息，牠們不會躲在樹洞裏，更不會築巢，便乾脆坐在樹杈中間休息和睡覺，以減低能量的消耗。

你知道嗎？

平時樹熊看起來行動很慢，不過牠們在樹枝間跳躍時卻很靈活，而且牠們在逃命的時候可以跑得很快。

粵語 普通話

為什麼馬總是站着睡覺？

A
如果在睡覺時遇到危險就能立刻逃跑。

B
為了長得更高大。

C
馬的腿太長了，躺下去便很難再站起來。

選一選，哪個小朋友答得對？

馬的身軀較大，又沒有尖利的牙齒和腳爪，如果躺下來睡覺，當受到猛獸襲擊，要防衛和逃跑就來不及了。久而久之，馬養成了一個習慣：站着睡覺。如果遇到危險，牠們就能立刻逃跑了。

你知道嗎？

馬經常通過耳朵來表達不同的心情：心情舒暢時，耳朵是豎起來的；心情不好時，耳朵前後搖動；疲勞時，耳朵則會倒向前方或兩側。

為什麼袋鼠整天都是蹦蹦跳跳的？

A

為了鍛煉身體。

B

袋鼠的前腿短、後腿長，所以牠們在走路時，看上去也像蹦蹦跳跳的。

C

這樣可以走得更快。

選一選，哪個小朋友答得對？

袋鼠的兩條前腿很短，兩條後腿則特別長而有力。袋鼠利用後腿跳躍着前進，所以看起來就好像是整天都蹦蹦跳跳的。當牠們跳躍前進時，身後的大尾巴可以使身體保持平衡。

你知道嗎？

袋鼠強而有力的後腿特別適合跳躍，牠們能夠以每小時約 50 公里的速度彈跳。

粵語

普通話

為什麼獅子常常在睡覺？

A

因為牠們是萬獸之王。

B

為了積存精力去獵食。

C

牠們假裝在睡覺，趁機捕捉獵物。

選一選，哪個小朋友答得對？

獅子在捕食獵物時需要消耗很多體力，為了積存足夠的精力去獵食，獅子平時會經常躺下來睡覺，牠們每天大約睡 20 個小時。

你知道嗎？

獅子雖然號稱「萬獸之王」，但牠們卻不是最兇猛的野獸。牠們有時也敵不過大象和犀牛，也不敢和野牛交鋒，虎和豹也都比牠們兇猛。

粵 粵語 普 普通話

為什麼斑馬身上有一條一條的斑紋？

A

這是一種保護色。

B

牠們經常躲在樹下，太陽透過樹枝照射到牠們身上，形成了斑紋。

C

這是洗澡不乾淨造成的。

選一選，哪個小朋友答得對？

斑馬生活在非洲的草原上，靠吃青草生活。牠們經常遭獅子捕獵，而身上的黑白條紋就好像一件「迷彩服」，使斑馬很容易和周圍的樹叢的影子混在一起，不易辨認，這樣牠們就可以躲過兇猛的獅子了。

你知道嗎？

斑馬身上的斑紋也是牠們辨別同伴的標記：每一匹斑馬身上的條紋都是不同的，牠們能根據斑紋辨別出是哪個同伴。

動物篇

粵語　普通話

為什麼長頸鹿的脖子那麼長？

A
為了讓外表看起來更美。

B
可以讓牠們更好地感受在食道裏食物的味道。

C
為了能吃到樹上的葉子。

選一選，哪個小朋友答得對？

長頸鹿的頸部、前腿、頭部和舌頭都十分細長，而牠們的頸部關節相當靈活，可輕易地扭動和彎曲，這有助牠們伸長脖子吃樹上的葉子。

你知道嗎？

到河邊喝水是長頸鹿感到最困難的事，因為牠們要盡量張開長長的前腿或跪在地上才能喝到水，因此長頸鹿多愛吃含有水分的嫩葉。

粵語

普通話

為什麼河馬喜歡泡在水裏？

A 因為牠們覺得這樣很涼快。

B 為了可以隨時抓到水中的魚。

C 為了防止皮膚乾裂。

選一選，哪個小朋友答得對？

河馬有厚厚的皮下脂肪，耳朵和眼睛能自動關閉，因此牠們可以毫不費力地浮在水面上或潛入水中。如果牠們不泡在水中，時間長了，皮膚就會乾裂，所以白天牠們總是泡在水裏，到晚上天氣涼快了，才上岸睡覺或找東西吃。

你知道嗎？

河馬還喜歡泡在泥漿裏，讓身上布滿泥巴，這樣牠們就可以避開蚊子、蒼蠅、跳蚤和虱子的叮蛟。

普通話

為什麼大象的鼻子那麼長？

A

為了可以更快地聞到氣味。

B

因為大象的鼻子用途廣泛，是自然進化的結果。

C

那是說謊的結果。

選一選，哪個小朋友答得對？

大象的鼻子經過幾千萬年的進化，就變得這麼長了。長長的鼻子很有用，除了可以用來呼吸、聞氣味、吸水噴在身上洗澡外，還可以當武器、當拐杖探路及搬運東西。

你知道嗎？

大部分的大象都有兩根又長又尖的牙齒，叫象牙，但是耳朵較小的亞洲象，只有公象才有象牙，母象是不長象牙的。

動物篇

粵語　普通話

為什麼北極熊不怕冷？

因為牠有厚厚的毛皮和脂肪保暖。

吃得多，熱量足，自然不怕冷。

牠們羣居取暖，所以不怕冷。

選一選，哪個小朋友答得對？

北極熊的身上有一層厚厚的毛皮，皮下的脂肪很厚，就好像穿上了一件大皮襖。北極熊從小就適應了寒冷的氣候，所以牠們能在冰天雪地的北極生活，一點也不怕冷。

你知道嗎？

北極熊生活在北極圈附近，喜歡吃海豹，會游泳。牠們的腳底長着厚毛，好像穿了一對有毛的靴子，在滑溜溜的冰上奔跑都不會摔倒。

粵語　普通話

為什麼蟹是橫着走的？

A

因為蟹的眼睛只看旁邊。

B

因為蟹的關節不靈活。

C

因為橫着走，速度更快。

選一選，哪個小朋友答得對？

由於蟹腳的關節只能向下彎曲，向左右移動，所以蟹不能向前走，只能橫着爬行。牠們爬行時，是先用一邊的腳抓地，然後用另一邊的腳伸直往一側推。

你知道嗎？

蟹喜歡在沙灘上行走，或躲在岸邊的礁石裏。所有的蟹都有堅硬的殼保護身體，就像穿了盔甲一樣。

粵語

普通話

為什麼企鵝爸爸也會孵蛋？

A

因為企鵝媽媽要外出尋找食物。

因為企鵝爸爸更喜歡小企鵝。

C

因為企鵝爸爸身體更暖和。

選一選，哪個小朋友答得對？

這是企鵝的習性。企鵝媽媽生下蛋後，便會由企鵝爸爸負責孵蛋，企鵝媽媽則外出尋找食物。有的企鵝媽媽會回來接替孵蛋的工作，有的則會把孵蛋的工作全交給企鵝爸爸。企鵝爸爸和企鵝媽媽就是這樣一起分工合作，悉心地把小企鵝孵出來的。

你知道嗎？

企鵝可以在陸地和海洋中活動，最大的敵人是海豹、海獅和虎鯨，牠們都會捕食企鵝。

為什麼鱷魚經常張大嘴巴？

A
為了排汗和散熱。

B
張大嘴巴便於接住食物。

C
方便大口呼氣。

選一選，哪個小朋友答得對？

鱷魚常常把嘴巴張大，是因為牠們的身體不會排汗，天氣熱時，牠們要張大嘴巴來散熱。同時，當牠們張開嘴巴時，嘴內的血管會吸收陽光的能量，這樣當牠們在晚上捕捉獵物時，就有足夠的精力了。

你知道嗎？

鱷魚的尾巴很有力，游泳時可以用尾巴來改變身體的方向，尾巴還可以像船槳一樣，使自己向前游。

粵語 普通話

為什麼魚從不合上眼睛睡覺？

A

因為魚不需要休息和睡覺。

B

因為海底世界太漂亮，牠們每時每刻都要觀看。

C

因為魚沒有眼瞼。

選一選，哪個小朋友答得對？

因為魚是沒有眼瞼的，所以不能合上眼睛。魚在休息的時候，就會沉到水底，牠們會一動不動，只有鰓蓋一開一合。

你知道嗎？

魚的身上長滿了一片片細小的魚鱗，就像穿上一件盔甲。魚鱗有保護身體的作用，還能防止魚被水裏的細菌侵害。

粵 粵語　普 普通話

為什麼鯨魚會噴水？

A
那是牠們在深呼吸時，氣流從鼻孔衝出來造成的現象。

B
為了排掉從嘴巴吸進的大量海水。

C
牠們在嬉戲。

選一選，哪個小朋友答得對？

我們看到鯨魚在噴水，其實是牠們在深呼吸。鯨魚的鼻孔長在頭頂兩眼中間，當鯨魚從海底浮到海面上換氣時，牠們肺部中強力的氣流會衝出鼻孔，將鼻孔上的海水噴出來，於是海面上就出現了高高的水柱。

你知道嗎？

鯨魚中的藍鯨是世界上最大的哺乳類動物，牠們的體重可達 180 公噸。

為什麼說海豚不是魚？

A
海豚用肺呼吸，
是哺乳類動物。

B
海豚游得太慢。

C
海豚沒有魚鱗。

選一選，哪個小朋友答得對？

雖然海豚的樣子像魚，但牠們並不是魚。魚是用鰓呼吸的，海豚則是用肺呼吸的。魚會產卵，卵再變成小魚；海豚不會產卵，一生下來就是小海豚，牠們吃海豚媽媽的奶長大，是哺乳類動物。

你知道嗎？

海豚和鯨魚一樣，都是用頭頂的氣孔呼吸的。海豚的肺部構造很特別，可以迅速減壓，使牠能潛入水深 30 多米的地方。

動物篇

為什麼貓頭鷹能在晚上找食物？

A

因為貓頭鷹的耳朵和眼睛十分敏銳。

B

因為牠們在白天要睡覺。

C

因為貓頭鷹的獵物到了晚上就會行動遲緩，容易捕捉。

選一選，哪個小朋友答得對？

貓頭鷹的眼睛和耳朵十分敏銳，在黑夜裏，即使只有微弱的光，牠們也能看見；即使只有一點點聲音，牠們也可以聽見，所以牠們能在晚上找食物。

你知道嗎？

貓頭鷹的樣子遠看像貓，所以叫做貓頭鷹。牠們白天躲在樹枝上休息，晚上才出來活動，以無聲的飛翔技術，襲擊樹林裏的鼠類、鳥兒等。

粵語　普通話

A

因為翅膀太小了。

B

因為牠們太笨重，飛不起來。

C

因為腿太長，飛起來沒地方放。

選一選，哪個小朋友答得對？

鴕鳥雖然也有翅膀，但是牠們的體格高大，不便飛行。不過鴕鳥的雙腿十分強健有力，所以跑得很快。

你知道嗎？

鴕鳥生長在非洲，愛吃蔬菜、水果、昆蟲等。牠們對發亮的東西特別感興趣，常會誤吞金屬物品。牠們的腳上只有兩隻腳趾，適合長距離步行與奔跑。

植物篇

為什麼植物只向上生長？

A

因為地下沒有足夠的空間給它生長。

B

只有向上生長才能被人發現。

C

因為植物需要太陽光的照射。

選一選，哪個小朋友答得對？

有了太陽光的照射，植物的葉子才會生長。有了葉子，植物就可以利用光線和空氣來製造自己所需的養料。光線和空氣只有地面上才有，所以植物總是從地下鑽出來，然後一直往上生長。

你知道嗎？

植物的葉子中含有葉綠素，由於葉綠素能製造養料和氧氣，因此在植物多的地方，空氣會特別清新。

粵語　普通話

為什麼植物的根要在泥土下生長？

A

因為植物要靠根從土壤中吸取水分和養料。

B

因為植物的根害羞，怕被人發現。

C

因為植物的根不喜歡曬太陽。

選一選，哪個小朋友答得對？

植物需要從土壤中吸取水分和養料，這個工作是靠植物的根來完成的，因此根牢牢地扎在泥土裏，並且向四周擴展，這樣才能充分吸取土壤裏的養分來幫助生長。

你知道嗎？

根除了長在泥土裏，有些還會長在植物的其他部分，如榕樹的氣根是長在樹枝上，往下垂掛的，這樣可以方便吸取空氣中的水分。

粵 普
粵語 普通話

為什麼不用種子也可培育植物？

A

有的植物沒有種子，只能靠花瓣來培植。

B

有的植物可以用它的枝幹來移植培育。

C

植物可以自己生出小植物。

選一選，哪個小朋友答得對？

有的植物不需要用種子培植，而是從原有的植物中切取部分的枝幹來移植培育的。這種培育方法叫插枝法。

你知道嗎？

仙人掌除了用種子之外，也可以用插枝法來繁殖，不過其切口必須風乾後才可插入沙土內，否則會很容易腐爛。

粵語　普通話

為什麼大多數的植物都在春季和夏季生長？

A

因為蝴蝶、蜜蜂喜歡在這兩個季節活動。

B

為了看看春季和夏季的美麗景色。

C

因為春季和夏季雨水多，陽光充沛。

選一選，哪個小朋友答得對？

植物需要得到陽光和水分，才可製造食物，而氣溫也會影響植物的生長。春季和夏季是雨水較多、陽光充沛的季節，而氣溫也適合植物生長。

你知道嗎？

綠色能對大腦產生刺激，令我們放鬆緊張的情緒，而且綠色能吸收陽光中對眼睛有害的紫外線，因此多看綠色植物，對大腦和眼睛的保護都很有幫助。

粵語　普通話

為什麼有些植物的根可以吃？

A

因為它們的根部儲存大量的養分，很有營養。

B

人們吃膩了植物的果子，想換換口味。

C

植物的根部比葉子味道好。

選一選，哪個小朋友答得對？

有些植物需要儲存大量的養分以供生長，所以它們的根部會長得特別肥大。這些肥大的根部含有豐富的澱粉質和糖分，可以作為食物，例如我們常吃的蘿蔔和番薯等。

你知道嗎？

根是植物不可缺少的部分，它能固定植物的生長位置，能把從土壤中吸取到的養分和水分運送到植物各部位，還可把養分儲存起來。

粵 普
粵語 普通話

為什麼有些植物會吃昆蟲？

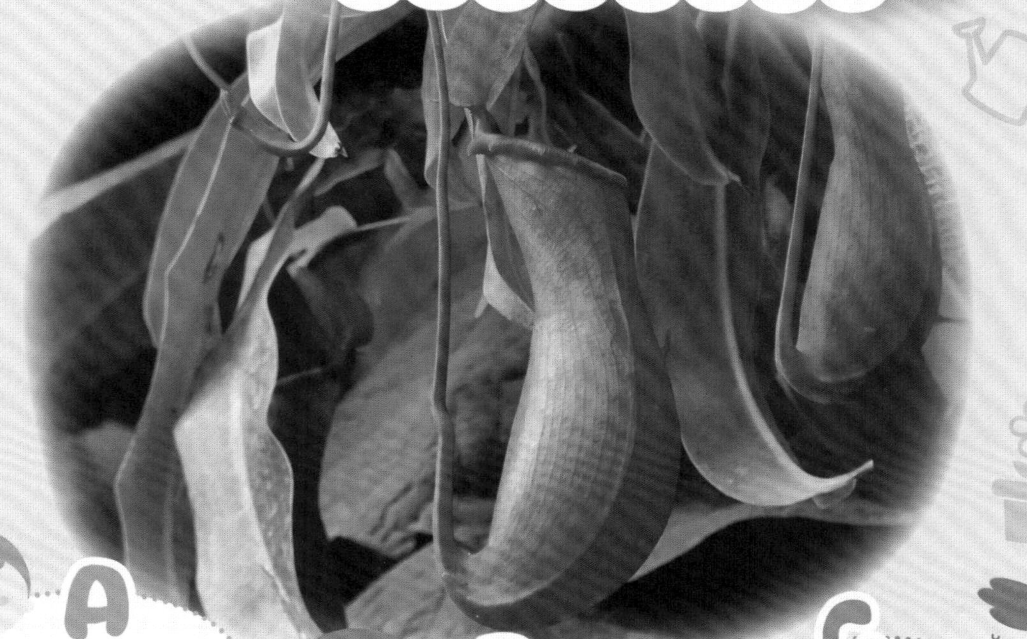

A
防止昆蟲偷吃它們的果實。

B
因為生長環境的養分不夠，要靠捕食昆蟲來補充。

C
因為它們覺得昆蟲比空氣、雨水美味。

選一選，哪個小朋友答得對？

有些植物因為生長的環境沒有足夠的養分供它們生長，例如沒有充足的陽光或土質不佳等，它們便會因應生長環境而演化出捕食昆蟲的技能。這些以捕食昆蟲來作養分的植物，我們稱為食蟲植物。

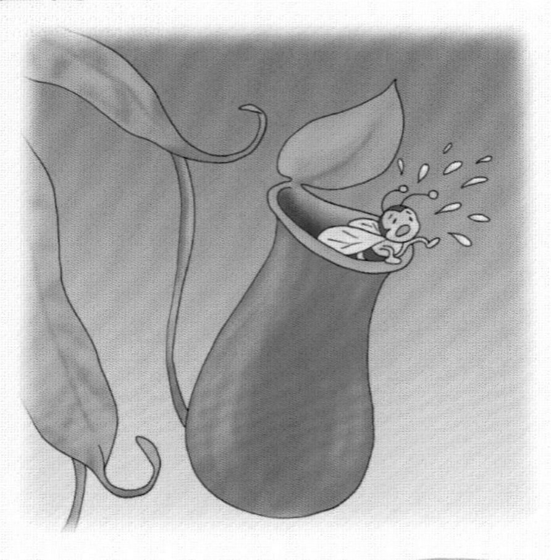

你知道嗎？

香港較常見的食蟲植物有豬籠草，它的外觀像個小袋子，袋口會分泌甜的蜜汁吸引昆蟲，當昆蟲落入袋中，便會被袋中的消化液消化和吸收。

粵語

普通話

為什麼不能用鹹水來澆灌植物？

A

因為植物喜歡清淡，不喜歡喝鹹水。

B

因為鹹水會使泥土溫度升高，植物會覺得太熱。

C

因為鹹水會破壞植物根部的吸水能力，而且會帶走植物本身的水分。

選一選，哪個小朋友答得對？

用鹼水澆灌植物會令泥土的鹽分增加，這樣會破壞植物根部的吸水能力，還會把植物本身的水分帶走而令植物乾死。

你知道嗎？

澆水時應注意水溫，不要用熱水或冰水澆植物，因為這樣很容易損害植物。澆水的時間多在早上太陽出來後不久或黃昏時分比較適合。

普

粵語　普通話

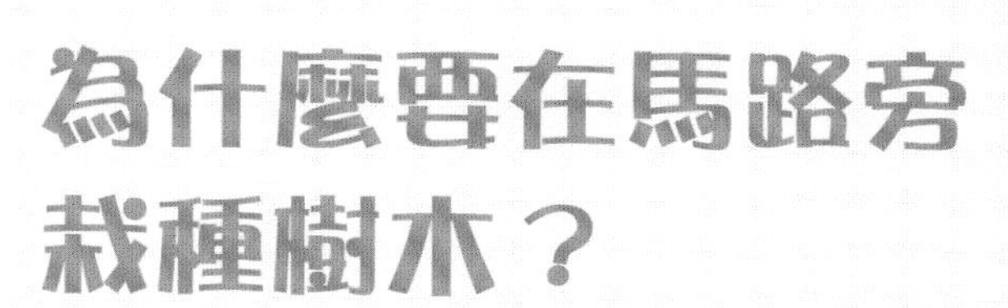

A

用來遮擋刺眼的陽光。

讓行人停靠休息。

令空氣清新，減低來往車輛造成的噪音。

選一選，哪個小朋友答得對？

因為樹木的枝葉有很強的吸音能力，可以減低來往車輛造成的噪音；樹葉還會釋放出人體需要的氧氣，令空氣更清新，而且在馬路旁栽種樹木，還可以美化環境。

你知道嗎？

美國加利福尼亞州有一棵世界上最大的樹，稱為「雪曼將軍樹」。它是一棵紅杉樹，它的「腰」粗得驚人，最少要 12 個成年人手拉手才能把它圍繞起來。

普通話

那是切割樹幹時留下的疤痕。

這一圈圈的東西，是新長出來的皮。

這一圈圈的東西記錄了樹木的年齡。

選一選，哪個小朋友答得對？

樹幹切開後所看見的一圈圈的東西叫做「年輪」。它是樹木成長的「標記」，年齡越大的樹木，出現的「年輪」便越多。

你知道嗎？

春夏季時，樹木長得快，年輪會較淺色；秋冬季時，樹木長得慢，年輪會較深色。淺色和深色的年輪合成一圈，就是樹木在一年裏的生長情況。

粵語　普通話

為什麼秋天的時候樹葉會變成黃色？

A

因為被太陽曬焦了。

B

葉綠素被破壞，樹葉便變成黃色。

C

為了吸引更多的昆蟲。

選一選，哪個小朋友答得對？

樹葉含有多種色素，包括綠色的葉綠素、黃色的葉黃素和紅色的花青素。春天和夏天時，樹葉裏的葉綠素最多，所以樹葉是綠色的。天氣轉冷時，葉綠素被破壞了，葉黃素和花青素便會顯現出來，樹葉便會變成黃色或紅色了。

你知道嗎？

綠葉會從陽光中吸取能量，進行光合作用，這樣植物就可以維持生命，繼續生長了。

為什麼樹葉的顏色有些深、有些淺？

A
因為樹葉的顏色隨着太陽光的強弱發生變化。

B
那是因為高度，越高處的葉子顏色越淺。

C
因為樹葉的生長時期不同。

選一選，哪個小朋友答得對？

樹葉雖然長在同一棵樹上，但因生長的先後不同，所以它們的顏色也會深淺不同。剛長出來的葉子十分幼嫩，顏色較淺，往後顏色會漸漸變深。

你知道嗎？

樹由根部吸取水分，流經葉脈再由葉子上的氣孔散發出來。

粵 粵語 普 普通話

為什麼花會發出香味？

A
花瓣裏有一種細胞，能分泌出有香味的芳香油。

B
蝴蝶在花瓣上灑了香水。

C
花瓣吸入了帶有芳香味的雨滴。

選一選，哪個小朋友答得對？

這是因為有些花的花瓣裏含有一種油細胞，它能分泌出有香味的芳香油，芳香油揮發後在空氣中擴散，鑽入人的鼻子裏，我們就聞到了香味。

你知道嗎？

花朵發出香味是為了吸引昆蟲，昆蟲在覓食時會黏着花朵中的花粉，然後把花粉散落在其他的地方，幫助植物繁殖。

粵語 普通話

為什麼不要把花枝上的葉子摘下來？

A

沒有葉子的襯托，花枝就不漂亮了。

B

花朵需要葉子來製造食物。

C

葉子能幫花朵擋風雨。

選一選，哪個小朋友答得對？

因為花朵需要葉子來製造食物，提供養分給花朵生長。如果沒有葉子，花朵便會因得不到營養而死掉。

你知道嗎？

在冬天的時候，部分樹木為了保存水分，樹葉會自然脫落，但是樹木沒有了樹葉便不能製造養分，所以這些樹木在冬天會處於休眠狀態。

粵語　普通話

為什麼鮮花有各種各樣的顏色？

A
因為鮮花的顏色取決於葉綠素的多少。

B
不同顏色的土壤會長出不同顏色的花。

C
花朵裏有花青素和類胡蘿蔔素等，它們能令花長出不同的顏色。

選一選，哪個小朋友答得對？

花朵裏有花青素和類胡蘿蔔素，它們可以令花生長出不同的顏色。花青素能使花朵呈現出紅色、藍色或紫色；類胡蘿蔔素能使花呈現出黃色、橙色或橘紅色。這兩種物質結合，又能使花的顏色變得五彩斑斕。

你知道嗎？

若想插在花瓶裏的鮮花保鮮時間長些，可以把花枝的剪口用火燒焦，然後再放進花瓶。這樣，浸在水裏的花枝便不會腐爛，又能提供水分給花朵。

粵 普
粵語 普通話

為什麼仙人掌會長刺？

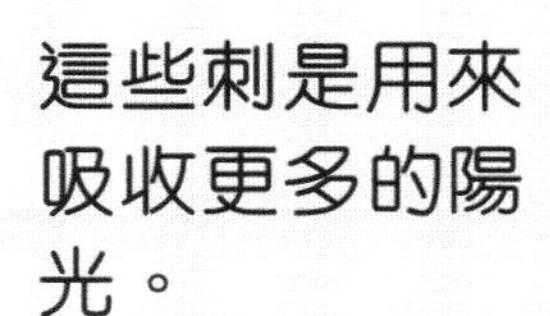

A 仙人掌不喜歡人靠近。

B 其實仙人掌的刺就是它的葉子。

C 這些刺是用來吸收更多的陽光。

選一選，哪個小朋友答得對？

其實仙人掌的刺就是它的葉子。仙人掌原來生長在沙漠地區，因為沙漠的氣候乾燥炎熱，為了減少水分蒸發，仙人掌的葉子漸漸退化成為尖長細小的刺，這樣可以令它繼續在沙漠裏生存。

你知道嗎？

仙人掌的刺有保護自己和幫助繁衍後代的作用，所以大部分的仙人掌都有刺。有的品種在小時候有刺，長大後脫落；有的則到老齡時才長出刺來。

粵語

為什麼竹子的中間是空的？

A

因為竹子的中間部分趕不及外層的生長速度。

B

中間部分是留着來儲存水分的。

C

因為這樣很涼快。

選一選，哪個小朋友答得對？

竹子可以在很短的時間內長高，生長速度非常快。不過，竹子中間的部分卻趕不及外層的生長速度，所以竹子中間是空的。

你知道嗎？

全世界共有 1,200 多種竹子，它們長得相當高大，一般都有 10 多米高。只有少數種類的竹子高度不到 1 米。

粵語 普通話

為什麼向日葵會朝向太陽生長？

A

因為向日葵怕黑，所以總是朝向太陽。

B

因為受到生長素的影響。

C

因為朝向太陽可以讓它看起來顏色更鮮豔。

選一選，哪個小朋友答得對？

向日葵的莖部有一種稱為生長素的東西，遇到光線便會走到背光的一面。生長素能刺激花朵生長，而背光一面的生長速度較快，所以令向日葵微微彎曲並朝向陽光的方向。隨着陽光照射的位置變化，生長素在莖中的位置也會改變，背光的方向便會不同，所以向日葵花莖像隨着陽光方向轉動了。

你知道嗎？

向日葵的種子含有大量的維他命和可用食油，可以用來製造人造牛油、沙拉醬，還有我們喜愛吃的零食和動物飼料等。

粵語　普通話

為什麼牽牛花不能直立生長？

A

這樣才可更貼近地面，獲得更多的養分。

B

因為牽牛花怕高，覺得貼在地面生長更好。

C

因為牽牛花的花莖太柔軟了，所以不能直立生長。

選一選，哪個小朋友答得對？

牽牛花的花莖是既幼且長的藤蔓，因為太柔軟了，所以不能直立生長。這樣牽牛花就必須盤繞其他植物或竹枝才能生長了。

你知道嗎？

牽牛花是藤蔓植物，喜歡在陽光充足及排水良好的環境下生長。花朵呈漏斗形，顏色有紅、白、藍、紫等，每一朵花只有一天的壽命。

粵語 普通話

為什麼鬱金香晚上不會開花？

A 因為晚上的氣溫比白天低。

B 因為晚上太黑，開了花也沒有人發現它的美。

C 因為在晚上開花吸引不到蜜蜂和蝴蝶。

選一選，哪個小朋友答得對？

答案A

鮮花會隨着氣溫的變化而綻開或閉合，而鬱金香在和暖的氣溫下才能開花。因此，白天氣溫高的時候，鬱金香便開花；晚上氣溫低，鬱金香的花瓣便會閉合。

你知道嗎？

雖然鬱金香是荷蘭的國花，但是最早培育出鬱金香的卻是土耳其人。

普
普通話

為什麼蒲公英的種子會飛？

A
因為蒲公英種子的前端長着絨毛，容易隨風飄動。

B
因為風太大，把種子吹掉了。

C
因為它想去找其他朋友一起玩耍。

選一選，哪個小朋友答得對？

蒲公英種子的前端長着絨毛。當風吹的時候，絨毛會隨風飄到遠方，這是蒲公英傳播種子的一種方法。

你知道嗎？

蒲公英屬於菊科植物，一朵蒲公英其實是由大約 200 朵小花組成，這種由很多小花長在一起，看起來卻像一朵花的植物狀態，稱為頭狀花序。

粵語 普通話

為什麼水仙花凋謝後，水仙頭便不能再種？

A

因為水仙頭會發出臭味。

B

因為水仙頭會招來蚊蟲。

C

因為水仙頭的養分已用完了。

選一選，哪個小朋友答得對？

因為水仙花開過之後，水仙頭的養分被水仙花吸收。當養分已全部用完，便不能再種出新的水仙花。

你知道嗎？

由於水仙花多在農曆新年時盛開，所以人們都把它當作春節的年花。

粵 普
粵語 普通話

為什麼說聖誕花不是紅色的？

A 因為聖誕花本來是綠色的。

B 因為聖誕花其實並不開花。

C 因為紅色的部分其實是葉子，聖誕花是黃色的。

選一選，哪個小朋友答得對？

聖誕花新長出的紅色葉子實在太搶眼了，人們常會把它誤當成是聖誕花的花瓣。其實在聖誕花的紅色葉子中間，那黃色的部分才是真正的花，不過因為花太小了，所以並不顯眼。

你知道嗎？

聖誕花中新長出的葉子有一種叫花青素的物質，所以葉子看上去是紅色的。由於有花青素的緣故，有的植物新長出的葉子會是紫色、黃色或是微帶藍色的呢！

常識篇

粵語

普通話

為什麼人不能在月球上居住？

A

月球上沒有建房子的材料。

B

月球上沒有空氣和水。

C

月球上的風太大了，人會被吹走。

選一選，哪個小朋友答得對？

答案B

人及各種生物必須要有空氣和水才能生存，月球上並沒有這兩種東西。而且月球上白天和晚間的溫度變化很大，白天可高達 127℃，晚上則降至零下 183℃，因此人類不能在那裏居住。

你知道嗎？

1969 年 7 月，美國太空船「阿波羅 11 號」載着三名宇航員，成功登陸月球，這是人類第一次登上月球。

粵語　普通話

為什麼星星看上去一閃一閃的？

A 幾顆星星聚在一起輪流發光。

B 星星眨眼睛時，看起來就是一閃一閃的。

C 晃動的空氣層使星星看起來一閃一閃的。

選一選，哪個小朋友答得對？

我們居住的地球周圍，包圍着一層一層的空氣層，空氣層裏的氣體不停地流動，我們透過這些晃動不定的空氣層看星星，就覺得星星在一閃一閃的，好像在眨眼睛一樣。

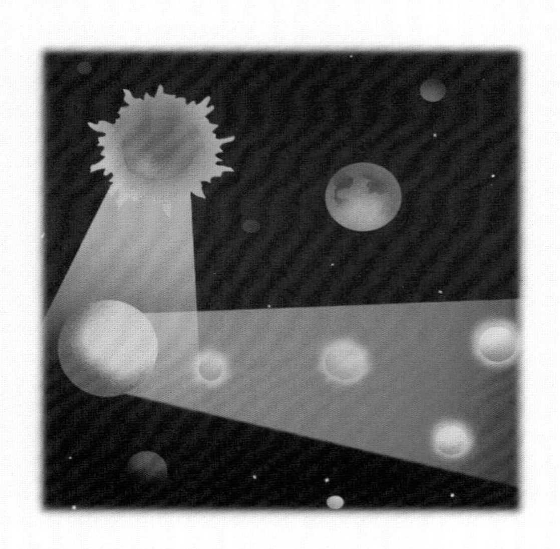

你知道嗎？

星星中的行星和衞星都是會移動的星體，本身不會發光。它們的表面受到太陽光的照射後，再把光反射出去，我們便以為它們在發光了。

粵語　普通話

為什麼我們會先看到閃電後聽到雷聲？

A

因為閃電的光比打雷的聲音跑得快。

B

因為眼睛比耳朵靠前一些，所以先看見閃電後聽見雷聲。

C

因為是先閃電後才打雷的。

選一選，哪個小朋友答得對？

其實閃電和打雷是同時發生的，但它們就像賽跑一樣，閃電的光比打雷的聲音跑得快，所以我們先看見閃電，然後才聽到雷聲。

你知道嗎？

光的速度非常快，每秒鐘跑 3 億米；聲音的速度比光慢，每秒鐘只跑 340 米。

為什麼會有白天和黑夜？

A
因為太陽圍繞地球在轉動。

B
因為地球在不停地自轉。

C
因為月球和太陽是輪流上班的。

選一選，哪個小朋友答得對？

地球每天不停地轉動，當我們所在的地方被太陽光照着的時候，就是白天；相反，當我們所在的地方轉到背着太陽時，就是黑夜。地球自轉一個圈，就是一天，通常一天有一次白天和黑夜的變化。

你知道嗎？

由於地球總是側着身子繞着太陽旋轉，地球的南極會有半年是白天，同時北極則會是黑夜；當南極有半年是黑夜時，北極則會是白天。

普

粵語 普通話

為什麼天會下雨？

A

因為天上的白雲姐姐在哭。

B

因為「天」太熱，出汗了。

C

當雲層中的小水滴積聚得太多，就會下雨。

選一選，哪個小朋友答得對？

河流和海洋的水被陽光蒸發後會變成水蒸汽，水蒸汽上升到空中變成小水滴，小水滴聚集在一起便變成雲層。當雲層內的水滴積聚至不能再負荷的時候，便會從天上落下來，這便是下雨了。

你知道嗎？

雨對地球上的生物非常重要。動植物都需要雨水才能生長，而雨水流到河流和湖泊以後，又可以為我們提供食水。

粵語　普通話

為什麼要給颱風起名字？

A

方便預測氣象的工作人員向市民報告颱風的情況。

B

為了描述颱風的強度。

C

方便人們記住颱風。

選一選，哪個小朋友答得對？

這是為了方便預測氣象的工作人員向市民報告颱風的情況。有時候，一些地區可能會同時受到不同颱風的吹襲，給颱風起了名字，就不會出現混亂了。

你知道嗎？

颱風是一股流動的熱帶氣旋，被它襲擊的地方會出現狂風暴雨，造成災害。香港受颱風吹襲的季節大概是7至9月。

粵語

普通話

為什麼把洗濕的衣服晾在屋外會乾得比較快？

A

在屋外，太陽和風會把衣服上的水分帶走。

B

因為屋外的空間更大一些。

C

因為屋內有人呼氣，讓衣服更潮濕。

選一選，哪個小朋友答得對？

在屋外晾衣服，太陽和風會把衣服的水分帶走；但在屋內，衣服較難接觸到陽光和風，所以在屋外晾衣服會乾得比較快。

你知道嗎？

太陽令地面的空氣變暖後，暖空氣上升，冷空氣填補它的空位，暖和冷的空氣移動便形成了風。

粵語　普通話

為什麼在夏天穿淺色的衣服會較涼快？

A 因為淺色衣服的質地都比較薄。

B 因為淺色衣服看上去讓人感覺涼快。

C 因為淺色衣服反射光和熱的作用比深色衣服強得多。

選一選，哪個小朋友答得對？

太陽光照射在衣服上，一部分的光和熱會被衣服表面反射回去。淺色衣服反射光和熱的本領比深色的衣服強得多，所以在夏天時，人們喜歡穿淺色的衣服，這樣會涼快一些。

你知道嗎？

小朋友，你可以做一個小實驗：把一塊白色和一塊黑色的布放在陽光下，待一會兒，摸一摸這兩塊布，哪一塊會較熱呢？

粵語

普通話

為什麼人在高山上會感到呼吸困難？

A
爬高山很累，所以覺得呼吸困難。

B
高山上空氣稀薄，每次吸入的氧氣比平常少。

C
因為山太高了，害怕得不敢呼吸。

選一選，哪個小朋友答得對？

答案B

因為高山上空氣稀薄、氣溫寒冷，人的心臟和肺的負荷會增加，而每次所吸入的氧氣會較平常少，所以會感到呼吸困難。

你知道嗎？

世界最高的山峯是位於中國和尼泊爾邊界的珠穆朗瑪峯，它高約 8,848 米。由於人在 3,000 米或以上的地方便容易患上「高山症」，攀山人士必須小心。

常識篇

粵語　普通話

為什麼煙花會發出五彩繽紛的光？

A
因為光是五顏六色的。

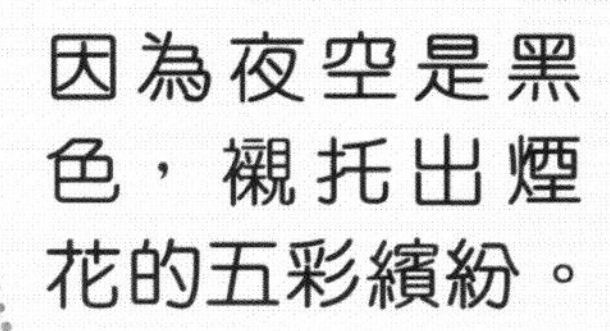

B
因為夜空是黑色，襯托出煙花的五彩繽紛。

C
煙花裏有不同的化學物質，各種物質在燃燒時會產生不同的顏色。

選一選，哪個小朋友答得對？

煙花裏有不同的化學物質，各種化學物質在燃燒的時候會產生不同顏色的火焰，當煙花裏的化學物質燃燒時，我們便看到五彩繽紛的光了。

你知道嗎？

由於煙花裏有火藥，如果放煙花時不小心，便很容易燒傷或發生爆炸。所以，現在很多地方都嚴禁人們放煙花，以免發生意外。

粵語　普通話

為什麼要在輪船的底部塗上紅色漆油？

A

防止輪船底部生鏽。

B

提醒海洋生物，這是輪船，請勿靠近。

C

防止海洋生物附在船底。

選一選，哪個小朋友答得對？

這些紅色漆油是一些有毒物質，用來防止海洋生物附在船底。因為船底積聚太多東西，會增加船的重量，減慢輪船的航行速度，還會損壞船殼。

你知道嗎？

古時候，船隻只是用來幫助人們渡河及捕魚。經過不斷改良後，船的種類已經有很多。我們常見的有渡輪、郵輪和貨輪等。

粵語 普通話

為什麼輪胎都是圓形的？

A
因為圓形的輪胎更容易製造。

B
因為圓形的輪胎看起來更加美觀。

C
因為圓形輪胎在滾動時最平穩、順暢。

選一選，哪個小朋友答得對？

因為在眾多的形狀中，圓形在滾動的時候最平穩及順暢。如果換了方形或其他形狀的話，汽車走起來會上下震動，而且也不順暢。

你知道嗎？

汽車輪胎上的坑紋能防止汽車在路面上打滑，特別是在泥地、雪地上行駛，帶有坑紋的車輪，更能「抓」住地面，使汽車穩穩地向前行駛。

粵語　普通話

為什麼馬路上有不同的交通燈號？

A
為了讓馬路看起來更加美觀。

B
為了指示司機及行人安全使用馬路。

C
為了吸引遊客。

選一選，哪個小朋友答得對？

馬路上的交通燈號是用來指揮交通的，指示司機及行人在安全的情況下過馬路，避免發生意外，並可防止交通阻塞。

你知道嗎？

選用紅色、黃色和綠色的燈作交通燈，是由於人的眼睛對這三種顏色比較敏感，而且一般認為紅色代表危險，綠色代表安全，而黃色則能提高警覺。

粵語 普通話

為什麼坐汽車的時候要扣上安全帶？

A
為了減少危險。

B
防止人們坐在車上亂動。

C
可以增加車內的活動空間。

選一選，哪個小朋友答得對？

汽車行駛時，如果遇上緊急剎車或兩車相撞，坐在車裏的人身體會突然向前衝，造成傷亡。當扣上安全帶後，就算身體突然向前衝，安全帶也能把人的身體緊緊拉住，這樣就能減少危險了。

你知道嗎？

現在大部分汽車都是由汽油和柴油推動的，它們排出的廢氣，污染了環境，所以製造汽車的公司已研製出多款環保汽車，以減少污染，例如：電動汽車、混合動力汽車。

為什麼在汽車的車身裝上許多小燈？

A
使車的線條看起來更流暢。

B
可以起到照明和提示的作用。

C
為了節省鋼鐵的用量。

選一選，哪個小朋友答得對？

汽車上的燈各有它們的用途。其中前面的兩個照明燈，可以在暗處照亮前方的路；汽車要轉彎時，便會亮着汽車前後的小黃燈；如果要停車，便會亮着車後的紅燈。

你知道嗎？

汽車前燈的玻璃罩上裝有橫直條紋，它能使光線照到所需要的方向，令司機看清前面的路面、路邊的景物，以及道路標誌等。

為什麼要在大廈頂安裝避雷針？

A 避免遭到雷擊。

B 為了改善接收信號的狀態。

C 為了將雷引到大樓。

選一選，哪個小朋友答得對？

下雨時，天空中有的雲是帶電的，兩塊帶電的雲靠近時，會發生強烈的放電現象，擊毀物體。高大的樓房離雲層較近，容易遭到雷擊，所以要安裝避雷針，有了避雷針就不會遭雷擊了。

你知道嗎？

避雷針是一根尖形的金屬棒，它可以將空中的閃電安全地引入地底下去，避免建築物被雷擊。

為什麼電燈泡會發光？

A 因為燈泡裏面有光源。

B 因為燈泡裏的空氣，通電後會發光。

C 因為燈泡裏有金屬線，通電後會發出光。

選一選，哪個小朋友答得對？

電燈泡裏有一簇很幼的、彎彎曲曲的金屬線，叫做「鎢絲」。鎢絲可以傳電，又能耐高溫，當電流通過鎢絲時，鎢絲被燙熱了，就能發出黃白色的光，電燈泡就會亮了。

你知道嗎？

牆壁上的插座裏有很高的電壓，如果隨便把東西插進插孔或用手觸摸，很容易會觸電，嚴重的更會引致死亡。所以小朋友千萬不要觸摸插座。

為什麼看電視的時候要亮着燈？

A 這樣才能看清電視在演什麼。

B 避免眼睛過度疲勞。

C 讓他人知道你坐在哪裏看電視。

選一選，哪個小朋友答得對？

答案B

看電視時，如果把電燈關掉，電視熒幕的明亮光線與屋內漆黑的環境便形成強烈的對比，使眼睛容易疲累，甚至會引致頭痛，所以看電視時最好亮着燈。

你知道嗎？

電視機放射出的X射線會損害眼睛，視細胞的功能是接收光線，然後傳遞給視網膜的神經細胞。小朋友眼睛裏的視細胞代謝增生活躍，長時間看電視會令眼睛疲勞和視力衰退的啊！

為什麼鐘錶裏的指針會移動？

A

因為地心的引力。

B

因為磁鐵吸引着它移動。

C

因為機械鐘錶裏的小齒輪帶動指針移動。

選一選，哪個小朋友答得對？

機械鐘錶裏裝着捲成一圈的彈簧，還有許多非常精細的小齒輪，捲緊的彈簧在鬆開時發出能量傳送到小齒輪上，小齒輪在轉動時就會帶動指針一格一格地移動了。石英鐘錶則是依靠它裏面的石英晶體的震動來使指針移動。

你知道嗎？

在還沒有發明時鐘的時候，人們是利用日晷及沙漏來計算時間的，它們可算是最原始的時鐘。

常識篇

粵語 普通話

為什麼郵票有齒孔？

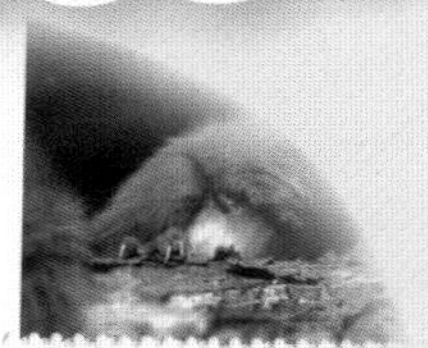

A

為了方便人們把郵票撕下來使用。

B

使郵票看起來更好看。

C

為了與一般的圖畫有分別。

選一選，哪個小朋友答得對？

這是為了方便人們把郵票撕下來使用。早期的郵票是沒有齒孔的，使用時要將整張郵票一枚一枚地剪開。後來有人發明了郵票打孔機，在整張大郵票上打上齒孔，人們沿齒孔把郵票撕下來便可以了。

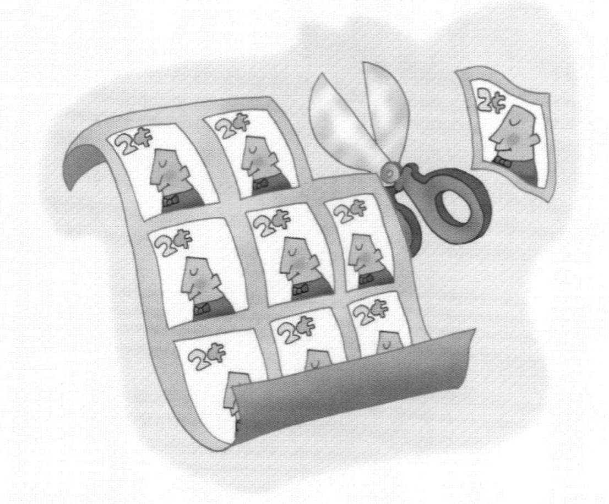

你知道嗎？

郵票除了有實用價值外，還有觀賞價值，我們可以從郵票中了解發行地區的歷史背景、民俗風情等等。

為什麼要把食物放進冰箱？

A

防止老鼠、蟑螂偷吃。

B

降低食物的溫度。

C

抑制細菌生長，保持食物新鮮。

選一選，哪個小朋友答得對？

空氣裏到處都有細菌，它們落到食物裏，就會大量繁殖，使食物變質，人們吃了就會生病。冰箱內的溫度較低，可以抑制細菌的生長繁殖，把食物放在冰箱裏可以保持新鮮，防止變質。

你知道嗎？

我們除了用冷凍的方法保存食物外，還可以用醃製、乾燥或罐頭製作等方法來保存食物。

為什麼在商品上印有電腦條碼？

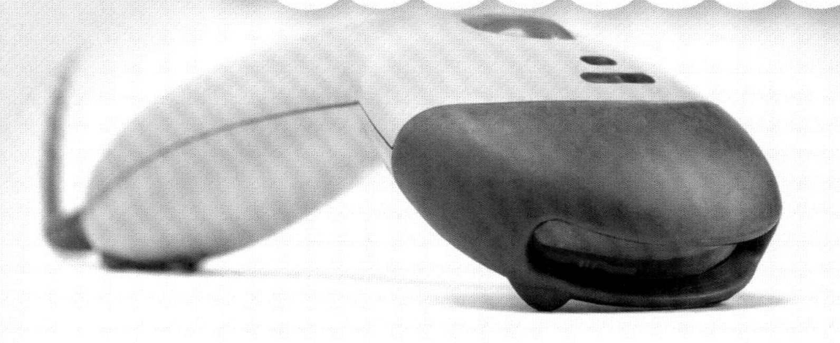

A
方便統計商品的數量。

B
吸引顧客的注意。

C
方便把商品歸類、管理，還能防偽。

選一選，哪個小朋友答得對？

商品上的電腦條碼是用來記錄商品的價格及名稱等資料的，用電腦掃描後便能立即顯示出來，方便人們把商品歸類、管理，更能防偽。

你知道嗎？

條碼需要經過解碼掃描器才能解讀出來。我們在超級市場購物付款時，店員會把商品掃過一部機器，那就是解碼掃描器。

我問你答幼兒十萬個為什麼（自然常識篇）（修訂版）

編　　者：甄艷慈　方楚卿
繪　　圖：野　人　羅永強
責任編輯：趙慧雅
美術設計：陳雅琳
出　　版：新雅文化事業有限公司
香港英皇道499號北角工業大廈18樓
電話：（852）2138 7998
傳真：（852）2597 4003
網址：http://www.sunya.com.hk
電郵：marketing@sunya.com.hk
發　　行：香港聯合書刊物流有限公司
香港荃灣德士古道220-248號荃灣工業中心16樓
電話：（852）2150 2100
傳真：（852）2407 3062
電郵：info@suplogistics.com.hk
印　　刷：中華商務彩色印刷有限公司
香港新界大埔汀麗路36號
版　　次：二〇二〇年五月初版
二〇二四年十月第八次印刷

ISBN: 978-962-08-7398-0

18/F, North Point Industrial Building, 499 King's Road, Hong Kong.
Published in Hong Kong SAR, China
Printed in China

鳴謝：
本書部分相片來自 Pixabay (https://pixabay.com/)
本書部分照片由 Shutterstock.com 許可授權使用：
p.89, p.141